百名山		標高	所在地
89	★ 瑞牆山	2230m	山梨
90	茅ケ岳	1704m	山梨
91	乾徳山	2031m	山梨
92	★ 大菩薩嶺	2057m	山梨
93	★ 甲武信ヶ岳	2475m	長野・山梨・埼玉
94	★ 両神山	1723m	埼玉
95	白石山	2036m	埼玉
96	武甲山	1304m	埼玉
97	★ 雲取山	2017m	埼玉・山梨・東京
98	大岳山	1266m	東京
99	★ 丹沢山	1567m	神奈川
100	御正体山	1681m	山梨
101	三ツ峠山	1785m	山梨
102	★ 富士山	3776m	山梨・静岡
103	毛無山	1964m	山梨・静岡
104	愛鷹山	1504m	静岡
105	★ 天城山	1406m	静岡
106	鋸岳	2685m	長野・山梨
107	★ 甲斐駒ケ岳	2967m	長野・山梨
108	★ 仙丈ヶ岳	3033m	長野・山梨
109	★ 鳳凰山	2841m	山梨
110	★ 北岳	3193m	山梨
111	★ 間の岳	3190m	山梨・静岡
112	農鳥岳	3026m	山梨・静岡
113	櫛形山	2052m	山梨
114	笊ヶ岳	2629m	山梨・静岡
115	七面山	1989m	山梨
116	★ 塩見岳	3047m	静岡・長野
117	★ 赤石岳	3121m	静岡・長野
118	★ 荒川岳	3141m	静岡
119	★ 聖岳	3013m	静岡・長野
120	上河内岳	2803m	静岡・長野
121	★ 光岳	2592m	静岡・長野
122	池口岳	2392m	静岡・長野
123	大無間山	2330m	静岡
124	経ヶ岳	2296m	長野
125	★ 木曽駒ケ岳	2956m	長野
126	★ 空木岳	2864m	長野
127	南駒ケ岳	2841m	長野
128	安平路山	2363m	長野
129	★ 恵那山	2191m	岐阜・長野
130	美ケ原	2034m	長野
131	★ 霧ケ峰	1925m	長野
132	★ 蓼科山	2531m	長野
133	天狗岳	2646m	長野
134	★ 八ケ岳	2899m	長野・山梨
135	毛勝山	2415m	富山
136	★ 剱岳	2999m	富山
137	奥大日岳	2611m	富山
138	★ 立山	3015m	富山
139	★ 薬師岳	2926m	富山
140	★ 黒部五郎岳	2840m	富山・岐阜
141	赤牛岳	2864m	富山
142	雪倉岳	2611m	富山・新潟
143	★ 白馬岳	2932m	富山・長野
144	★ 五竜岳	2814m	富山・長野

百名山		標高	所在地
145	★ 鹿島槍ヶ岳		
146	針ノ木岳		
147	烏帽子岳		
148	★ 黒岳		
149	★ 鷲羽岳		
150	★ 笠ヶ岳		
151	餓鬼岳	2647m	長野
152	燕岳	2763m	長野
153	有明山	2268m	長野
154	大天井岳	2922m	長野
155	★ 槍ヶ岳	3180m	長野・岐阜
156	★ 穂高岳	3190m	長野・岐阜
157	★ 焼岳	2455m	長野・岐阜
158	★ 常念岳	2857m	長野
159	霞沢岳	2646m	長野
160	★ 乗鞍岳	3026m	長野・岐阜
161	★ 御嶽	3067m	長野・岐阜
162	小秀山	1982m	岐阜・長野
163	金剛堂山	1650m	富山
164	笈ヶ岳	1841m	富山・石川・岐阜
165	★ 白山	2702m	石川・岐阜
166	★ 荒島岳	1523m	福井
167	大日ヶ岳	1709m	岐阜
168	位山	1529m	岐阜
169	能郷白山	1617m	岐阜・福井
170	★ 伊吹山	1377m	岐阜・滋賀
171	御在所山	1212m	滋賀・三重
172	武奈ケ岳	1214m	滋賀
173	★ 八剣山（八経ヶ岳）	1915m	奈良
174	★ 大台ヶ原	1965m	奈良・三重
175	釈迦ヶ岳	1800m	奈良
176	伯母子岳	1344m	奈良
177	金剛山	1125m	奈良・大阪
178	氷ノ山	1510m	兵庫・鳥取
179	上蒜山	1202m	鳥取・岡山
180	★ 大山	1729m	鳥取
181	三瓶山	1126m	島根
182	★ 剣山	1955m	徳島
183	三嶺	1894m	徳島・高知
184	東赤石山	1706m	愛媛
185	笹ヶ峰	1860m	愛媛・高知
186	★ 石鎚山	1982m	愛媛
187	英彦山	1199m	福岡・大分
188	由布岳	1583m	大分
189	★ 九重山	1791m	大分
190	★ 阿蘇山	1592m	熊本
191	★ 祖母山	1756m	大分・宮崎
192	大崩山	1644m	宮崎
193	尾鈴山	1405m	宮崎
194	市房山	1721m	宮崎・熊本
195	★ 韓国岳	1700m	宮崎・鹿児島
196	高千穂峰	1574m	宮崎・鹿児島
197	雲仙岳	1359m	長崎
198	桜島	1117m	鹿児島
199	★ 開聞岳	922m	鹿児島
200	★ 宮之浦岳	1935m	鹿児島

この本に出てくる山々

[順不同]

北海道

黄金山[北海道]
羊蹄山[北海道]
利尻山[北海道]

東北・中部

白神山地[秋田県・青森県]
岩木山[青森県]
安比高原[岩手県]
岩手山[岩手県]
飯豊山[山形県・新潟県・福島県]
鳥海山[山形県・秋田県]
安達太良山[福島県]
竜子山[福島県]
越後駒ケ岳[新潟県]
中ノ岳[新潟県]
八海山[新潟県]
妙高山[新潟県]
立山[富山県]
蓼科山[長野県]
天城山[静岡県]
一岩山[静岡県]

関東

男体山[栃木県]
榛名山[群馬県]
御岳山[東京都]
西山[東京都]

近畿

三上山[滋賀県]
大峰山系[奈良県]
額井岳[奈良県]
三輪山[奈良県]
吉野山[奈良県]

中国・四国

大山[鳥取県]
三瓶山[島根県]
高越山[徳島県]
飯野山[香川県]
石鎚山[愛媛県]

九州

涌蓋山[大分県・熊本県]
開聞岳[鹿児島県]

安達太良山
ふくしまけん
福島県

吉野山
ならけん
奈良県

羊蹄山
ほっかいどう
北海道

白神山地
あきたけん あおもりけん
秋田県・青森県

立山
とやまけん
富山県

石鎚山
えひめけん
愛媛県

◎監修◎
鈴木毅彦
東京都立大学 都市環境学部
地理環境学科教授

調べてわかる！

日本の山

②山のめぐみと人々の暮らし

白神山地・八海山・石鎚山ほか

涌蓋山
おおいたけん くまもとけん
大分県・熊本県

八海山
にいがたけん
新潟県

御岳山
とうきょうと
東京都

汐文社

北山杉（京都府）
まっすぐすらりと伸びたスギが山の急斜面に立ち並ぶ。この地ではおよそ600年前の室町時代から植林が始まったとされる。

山のめぐみって なんだろう?

針葉樹林のめぐみ

山岳信仰
古代からめぐみと災害をもたらす山は、畏敬の対象であり、神様が宿ると考えられていた。

磐座
神様が宿っているとされる岩。祭りの神座にもなる。

修験者(山伏)
修験道では、山の中で厳しい修行をして、特別な力を得る。

スギ(ヒノキと合わせて人工林の約70%)
拡大造林により建築用材として植えられ、日本中で見られる。熊野などは本来は常緑広葉樹(照葉樹)の森。

枝打ち
節のない木材をつくる。高度な日本の技術。

植林
縄文時代から日本人は木を植えてきた。水源林づくりとして広葉樹も。

伐採(間伐も含む)
50～60年ほど育てると、木材になる。林がこみ合わないように、2～3割ほどは間引き(間伐)する。

◉ 山は私たちの暮らしとつながっている

日本は国土の約75%を山地や丘陵が占める山国であり、約67%が森におおわれる森林国です。山のすそ野には、その地域の気候に合った森が広がっています。まっすぐに伸びた針葉樹が並んだ森や、秋に色とりどりに紅葉する広葉樹の森。岩の間をきれいな沢水が流れ、山菜やきのこが育ち、木の実がなり、さまざまな生き物が暮らしています。山には、水や食料、薪や家となる木材、衣類や道具になる植物など、私たちの生活に欠かせないものがあります。山、そして森にどんなめぐみがあるのか、のぞいてみましょう。

広葉樹林のめぐみ

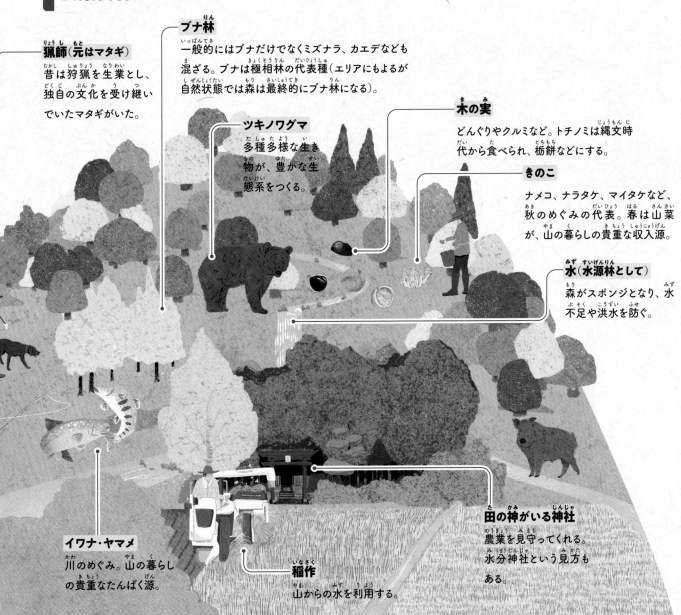

猟師（元はマタギ）
昔は狩猟を生業とし、独自の文化を受け継いでいたマタギがいた。

ブナ林
一般的にはブナだけでなくミズナラ、カエデなども混ざる。ブナは極相林の代表種（エリアにもよるが自然状態では森は最終的にブナ林になる）。

ツキノワグマ
多種多様な生き物が、豊かな生態系をつくる。

木の実
どんぐりやクルミなど。トチノミは縄文時代から食べられ、栃餅などにする。

きのこ
ナメコ、ナラタケ、マイタケなど、秋のめぐみの代表。春は山菜が、山の暮らしの貴重な収入源。

水（水源林として）
森がスポンジとなり、水不足や洪水を防ぐ。

イワナ・ヤマメ
川のめぐみ。山の暮らしの貴重なたんぱく源。

稲作
山からの水を利用する。

田の神がいる神社
農業を見守ってくれる。水分神社という見方もある。

ブナ林は「母なる森」

日本は国土の約67%が森におおわれ、針葉樹林と広葉樹林がほぼ半分ずつ広がっています。広葉樹林の中でも、ブナを中心にさまざまな落葉広葉樹が育つ天然林のことを「ブナ林」といいます。日本では昔からブナ林が各地に広がり、「ブナ帯文化」と呼ばれる森のめぐみを分け合う暮らしが受け継がれてきました。ブナ林を舞台に森のめぐみを見ていきましょう。

ブナ林ってどんなところ?
めぐみを生み出すブナ林のひみつ

◎ ブナはどんな木?

　ブナ科ブナ属の落葉広葉樹で日本固有種です。日陰に強く、ゆっくりと成長して高さ30m以上になり、寿命は200〜500年、雄大で美しい姿から「森の女王」といわれます。実はクマをはじめとした動物や鳥の食料になり、じょうぶで曲げやすい木材で、食器や道具がつくられます。

樹木の分類

[出典／九州森林管理局ウェブサイト「綾の照葉樹林 照葉樹林とは」の図を参考に作成]

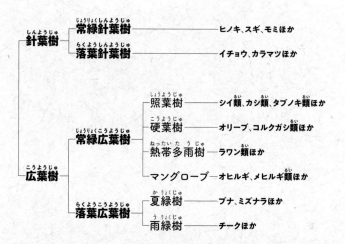

針葉樹	常緑針葉樹	ヒノキ、スギ、モミほか
	落葉針葉樹	イチョウ、カラマツほか
広葉樹	常緑広葉樹 — 照葉樹	シイ類、カシ類、タブノキ類ほか
	硬葉樹	オリーブ、コルクガシ類ほか
	熱帯多雨樹	ラワン類ほか
	マングローブ	オヒルギ、メヒルギ類ほか
	落葉広葉樹 — 夏緑樹	ブナ、ミズナラほか
	雨緑樹	チークほか

▌白神山地のブナ林の四季

春　ブナの根元の雪が丸く融ける「根開き」が、春のおとずれを告げる。

夏　一雨ごとに緑が濃くなり、葉が生いしげる。

◉ ブナ林はどこにあるの？

日本には針葉樹林、落葉広葉樹林（ブナ類）、常緑広葉樹林（シイやカシ類）、亜熱帯多雨林の4つの森があります［→「❶山のなりたちと地形」P38-39参照］。

ブナ林は東北の平地〜山地を中心に、関東〜九州では標高700m以上の山に分布しています。

昔は日本各地を広くおおい、人々の暮らしに身近な森でしたが、1945年頃から平地のブナ林を伐採し、スギ・ヒノキの植林を進めた結果、現在は森全体の約4%です。白神山地（秋田県・青森県）は、世界最大級の原生的なブナ林が広がり、世界自然遺産に登録されています。

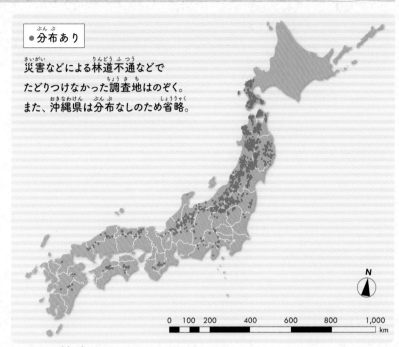

● 分布あり

災害などによる林道不通などでたどりつけなかった調査地はのぞく。また、沖縄県は分布なしのため省略。

0 100 200 400 600 800 1,000 km

N

ブナの分布（2014〜2018年調査）

［地図／林野庁ウェブサイト「森林生態系多様性基礎調査（第4期）結果の公表について」を加工して作成］

◉ ブナ林ってどんなところがすごいの？

ブナを中心にミズナラ、トチノキ、カエデなどの落葉広葉樹がはえる森は、極相林として安定した状態を保っています。秋に落ちる大量の葉がつくるふかふかの土壌は、さまざまな木、山菜やきのこ、木の実などを育て、雪解け水や雨水をたっぷりとたくわえます。その栄養豊かな水が川へ流れ込んで淡水魚を育て、ツキノワグマ、ニホンカモシカ、リス、クマゲラなどさまざまな生き物が暮らす多様な生態系をつくります。

秋

黄色、橙、茶と黄葉が進み、実（ブナノミ）を求めて動物が集まる。

冬

葉を落とし、明るい森に。日本海側では5mを超える積雪があることも。

山の森が水を育てる

森に降った雨は、落ち葉が降り積もってできたふかふかの土を通り、長い時間をかけてろ過され、ゆっくりと地表にしみ出します。森が生み出した栄養豊かな水は川を流れ、海のめぐみをもたらします。山の豊かな生態系、私たちの暮らしを支えるのは、この水が源になっているのです。

森から海へ、海から森へ、豊かな水の流れ

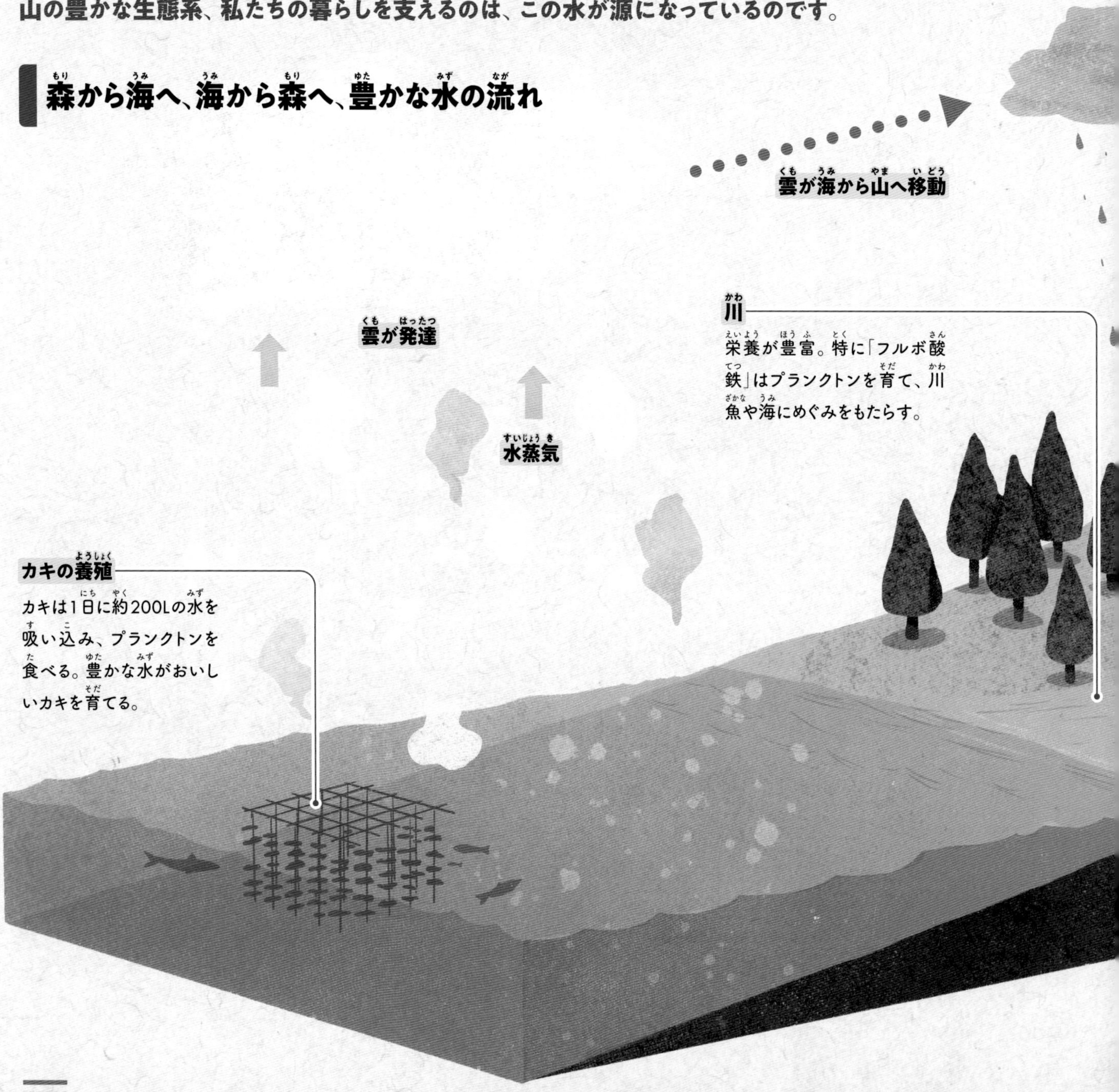

雲が海から山へ移動

雲が発達

水蒸気

川
栄養が豊富。特に「フルボ酸鉄」はプランクトンを育て、川魚や海にめぐみをもたらす。

カキの養殖
カキは1日に約200Lの水を吸い込み、プランクトンを食べる。豊かな水がおいしいカキを育てる。

「水源林」としての森の大切な役割

水をため、洪水を防ぎ、水をきれいにする

雨
葉が雨を受けとめ、枝、幹へと伝い、根元に集まる。

湧水や沢
何十年、時には100年もかけて、伏流水が地表に出る。

伏流水
土の中の微生物のはたらきで水がろ過される。

◎ ブナの森は緑のダム

ブナは空に向かって大きく枝葉を広げます。雨水は丸くぎざぎざした葉で受けとめられ、枝や幹を伝って滝のように流れ落ち、根元へ集まります。地面の土は大量の落ち葉が有機物の力で分解されてスポンジ状になり、雨水や雪解け水がゆっくりとしみ込み、ろ過されていきます。森で栄養豊かな水がつくられ、海へと流れます。

水源林は、きれいな水をため、洪水や水不足を防ぐ目的で守られている森林のことです。一般的に広葉樹林のほうが保水力が高いといわれていますが、全国の水源林には針葉樹林もあります。もし山に森がなかったら、雨水はそのまま地表を流れ、あっという間に川の水が増えて洪水を起こします。一方で雨が降らないと川が干上がり、いずれも動植物や人間の命を脅かすことになります。

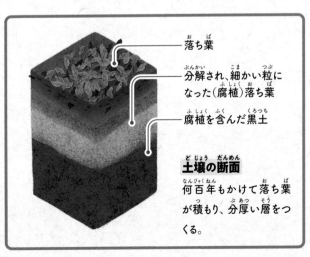

落ち葉

分解され、細かい粒になった（腐植）落ち葉

腐植を含んだ黒土

土壌の断面
何百年もかけて落ち葉が積もり、分厚い層をつくる。

山と里の農業はつながっている
山でつくられた水が、実りをもたらす

◎ 越後三山の水と気候が おいしいお米をつくる──魚沼産のコシヒカリ

　山でたくわえられた水は、川の水や地下水、湧水として山のふもとにもたらされ、生活・農業・工業用水としてさまざまに利用されています。特に米づくりは、稲1株あたりに必要な水は20kg以上といわれ、多くの水が必要です。

　日本有数の米どころである新潟県魚沼市・南魚沼市は、八海山、中ノ岳、越後駒ヶ岳からなる越後三山などの2000m級の高山に囲まれ、魚野川をはじめ、佐梨川、破間川など多くの川が流れています。積雪が3mを超えることもある豪雪地帯で、春になるとミネラルをたっぷり含んだ雪解け水としてふもとの水田を満たします。

　また、高山に囲まれた盆地のため、昼間の気温が30℃を超えても、夜になると山から吹き下ろす風によって気温はグッと下がります。そのため、うまみのもとであるでんぷんの夜間の消費がおさえられ、おいしいお米になるのです。

八海山（新潟県）

八海山は霊山として崇められてきた山で、最高峰は標高1778m。田植えの頃でも、まだ山頂には雪が残る。

越後駒ヶ岳（新潟県）

「魚沼駒ヶ岳」と呼ばれることもあり、山中には真夏でも雪渓が残る。標高2003m。佐梨川の水源。

中ノ岳（新潟県）

越後三山の最高峰で、なだらかな山頂の姿から「お月山」とも呼ばれる。標高2085m。

豊富な湧水を利用する
──静岡のワサビ田

　ワサビは古くから水のきれいな深山の渓谷、渓流に自生する日本固有種です。主要な産地である伊豆、安曇野、奥多摩は、いずれも水が豊富できれいなことで有名な地域です。

　中でも伊豆は、年間3000〜4000mmも降る雨が天城山系にたくわえられ、栄養と酸素がたっぷりと含まれた水が湧き出しています。この水と山の急峻な斜面を利用して、「畳石式」のワサビ田がつくられています。年間を通じて水温が一定していること、栄養豊富な水のおかげで農薬や化学肥料をほとんど使わずにすむことから、周囲には多くの動植物が生息し、ワサビ田に有機物を供給するという好循環ができています。

［写真／静岡わさび農業遺産推進協議会］

　「畳石式」とは、大きな石の上にだんだんと小さな石を積んでいき、表面に砂利と砂をしいてワサビを植える育て方。しみ込む過程で水がろ過され、下流でもきれいな水が流れる。

　伊豆半島最高峰の万三郎岳（標高1406m）や万二郎岳などが東西に連なり、ブナの天然林が広がる。

天城山（静岡県）

森と海はつながっている

　三陸海岸の一部である宮城県・気仙沼湾は、日本有数のカキの養殖場です。しかし1970年頃、カキの身が赤く染まって売れなくなるという事態が発生しました。原因は、赤潮でした。

　カキ養殖家の畠山重篤さんは、海の環境を改善するためには、海に流れ込む川やその水源となる山の環境から整えなければならないと決意します。そして大川上流の室根山に落葉広葉樹の森をつくる植林活動を始め、見事、気仙沼のカキを復活させました。これをきっかけに漁業者による植樹活動などの取り組みが全国に広がりました。

山が迫る気仙沼湾。「森は海の恋人」を合言葉に活動が続いている。

［写真／NPO法人 森は海の恋人］

11

授かり物を分け合う

私たちは、田畑で米や野菜を育てるずっと前の縄文時代から、山に自生する食物を
「山の神からの授かり物」として、動物たちと分け合いながら暮らしてきました。
冬には里で収穫できる農作物が少なくなるため、春や秋に採集した山菜やきのこ、
木の実に手をくわえて保存しておき、長い冬を越します。
昔から伝わる伝統料理には、山のめぐみを大切に無駄なくいただく知恵がつまっています。

［写真／白神マタギ舎、PIXTA］

ワラビ

山の下草や土手などにはえる。アクを抜いて、おひたしや天ぷらに。地下茎は、ワラビ粉にして和菓子などに使われる。

フキノトウ

フキの花の部分で、水気の多い河原や田んぼの近くによくはえる。フキの茎も食べられる。

タラノメ

タラノキの新芽の部分で、日当たりのよい山野にはえる。味にくがあり「山菜の王様」とも。

コゴミ

クサソテツの新芽で、川沿いなど湿気の多い場所にはえ、少し火を通して食べる。

春は山菜、秋はきのこ
季節のおとずれを知らせる山のごちそう

食べられる分だけ、ほかの人や動物の分は採らない

3〜4月、雪が解けると、山菜が芽を出し、春のおとずれを告げます。山の木々が一斉に芽吹き、新緑の森で山菜採りが始まります。

9月、木々が葉を落とす準備を始めると、きのこ狩りのシーズンです。庭先や近くの原っぱ、時には森林の道なき道を進み、山菜採り・きのこ狩りに出かけます。村や町ではそれぞれの「山菜スポット」があり、ほかの人のテリトリーには侵入しないのが、暗黙のルール。食用となる山菜は300種類以上、きのこは約100種類といわれていますが、食べられる分だけにして、けっして採りきらず、動物たちや来年の分を残しておくことで、山のめぐみを未来へとつないでいきます。

ナメコ

川辺にあるブナの倒木や切り株などに群生する。ブナの黄葉シーズンが最盛期で、天然のナメコはかさが開いた状態が食べ頃。

マイタケ

ミズナラの根元などにはえ、1株が50cmを超えることも。炒めても煮込んでもおいしい。

ヒラタケ

河原のヤナギの枯れ木などに重なり合ってはえる。肉厚で歯ごたえがよい。

ナラタケ

倒木や切り株などにはえる。加熱不足による中毒や食べすぎに注意。

マツタケ

主に樹齢20〜40年のアカマツの根元にはえる。落ち葉が少なく日当たりのよい斜面で見つかる。

ブナシメジ

ブナやミズナラの木の空洞や、倒木などにはえる。人工栽培のものよりも大きく、身も厚い。

＊山菜やきのこには有毒のものがあります。専門家に相談しましょう。

13

季節のめぐみを味わう
山のおいしい木の実

◎ 旬を見極め、さまざまな味を楽しむ

山にはさまざまな広葉樹がはえ、花を咲かせた後に赤、黄、茶、橙、紫、青、色とりどりの実をつけます。5月頃からキイチゴやグミ、クワノミが実り、秋にはサルナシ、ヤマブドウ、クルミやどんぐりとピークを迎え、甘酸っぱいもの、香ばしいもの、さまざまな味を楽しめます。特にクリやクルミ、トチノミ、ブナノミをはじめとするどんぐりは栄養価が高く、縄文時代から私たちの生活に欠かせない食べ物でした。

1日1日、景色が変わる山の中で、色づきや熟し具合を見ながら、旬のタイミングを見極めます。そのまま食べておやつにするだけでなく、乾燥させたり、煮てジャムにしたり、お酒に漬けて果実酒にしたり、味噌や塩に漬けたり、長く保存できるように工夫し、大切に食べていきます。

4〜5月

春は山菜採りに忙しい。根や小さな芽は残し、必要な分だけ採るのが山のルール。

▌山の木の実カレンダー

6〜8月

クワノミ

山林ややぶの中に自生する。実は熟すと赤くなり、6月頃、赤黒くなると食べ頃。

マタタビ

実が熟すのは9月頃だが、塩漬けや果実酒には7月下旬頃にとれる青い実を使う。葉や若芽も食べられる。

ナツグミ

6月頃、初夏に実が熟すので「ナツグミ」。甘酸っぱい実はそのまま食べられる。

アケビ

8月下旬〜10月頃に実が割れると食べ頃。種をおおう白いゼリー状の部分を食べる。

川魚は貴重なたんぱく源

ブナ林を流れる川はプランクトンや水生昆虫、それをエサにするイワナ・ヤマメ・アユ・カジカなどの淡水魚が豊富です。川の流れ、地形、水温などによって釣れる魚が変わり、山の暮らしの貴重なたんぱく源となります。

釣った魚は、天日干しにしたり、塩やぬかなどに漬けたり、土の中に埋めたりして保存します。冷蔵庫がなかった時代に生まれた、安全に魚を食べる知恵が、今も食文化として受け継がれています。

［上］イワナの群れ
［左］開いたアユに塩をぬり、2か月ほど漬け込む「あゆなれずし」

［写真／岐阜県］

9〜10月

サルナシ

9〜10月が食べ頃。キウイフルーツの原種で、サルが食べつくすほどおいしいというのが名前の由来。

オニグルミ

湿気のある場所にはえる。縄文時代から重要な栄養源で、動物も好んで食べる。

ヤマブドウ

実が紫色に変わると食べ頃。そのまま食べても、ジュースやジャムなどに加工してもよい。

ブナノミ

秋に熟して地面に落ち、殻をむいてそのまま食べられる。動物や鳥などにとっても大切な食料。

クリ

長いとげのような「いが」の中にある実を食べる。昔から栗おこわはお祝いの時に食べられていた。

トチノミ

トチノキの実で、縄文時代から重要な食料。アクが強く、天日乾燥・水や熱湯でのアク抜き作業に半月以上もかかる。

11〜3月

冬は雪におおわれ、採集はおやすみ。秋までにつくっておいた保存食などを大事に食べながら、雪解けの季節を待つ。

クルミは長期間保存できる。かたい殻を割り、そのまま食べたり、すりつぶしたりする。

＊木の実には有毒のものや、アク抜きが必要なものがあります。専門家に相談しましょう。

15

ブナ林の生物多様性を支える
動物たちとめぐみを分け合う

◎ 栄養豊富な木の実は動物たちから大人気！

ブナ林にはクマタカやクマゲラなどの貴重な鳥や50種以上のほにゅう類から昆虫、小さな土壌生物まで、多種多様な生き物が暮らしています。*

山に育つ草木や木の実は、人間だけでなく、動物たちの大事な食料で、生態系を支えています。クルミやブナノミをはじめとするどんぐりなどのミネラルやビタミンなどが豊富に含まれる木の実が、貴重な栄養源となります。

* 東北森林管理局ウェブサイト「ブナの森へようこそ ブナ林観察ガイド」より

オニグルミを分け合う動物たち

ニホンリス

パカッと殻を割って食べる。

ツキノワグマ

クマは木に登って枝をたぐりよせて食べる。折れた枝が積み重なって「クマ棚」ができる。

オニグルミ

イノシシ

リスやネズミは、どんぐりなどの木の実を大量に巣にためる。

地面に落ちると黒く熟してとけ、かたい実が出てくる。殻を割って食べる。

アカネズミ

殻に丸く穴を開けて食べる。

ニホンザル

[写真／白神マタギ舎、あきた森づくり活動サポートセンター、国営アルプスあづみの公園、PIXTA]

2023年秋、被害人数が過去最多に！
なぜツキノワグマは山から里に出てくるのか？

［出典／森と水の郷あきたウェブサイト「森の学校2023 クマ問題を考える講座」資料より］

◉ 里山の環境が変わり、クマがすぐ隣に！

以前は田畑と山の間には里山林があり、人が手を入れながら薪や山菜などを得てきました。下草や枯れ木が取り払われた里山は見通しがよく、人と野生動物の生活圏を分ける境界でもありました。しかし、都市部への移住や高齢化などが進んで集落から人がいなくなると、クマは手入れが行き届かずに密生した林から、草が茂るかつての田畑を通り、人に見つからずに里へおりられるようになりました。クマの分布が人側へどんどん近づいてきたのです。しかも里山の林縁などの明るい場所はノイチゴやクワなどが育ち、クマが食べ物を得やすい、生息に適した環境といえます。

1970年代

現在

秋田県内のある村。1970年代は集落の周辺は見通しがよかったが、現在は森が集落に迫っている。

［地図上／地理院地図］下／Maxar］

◉ 2023年はブナノミが大凶作

ツキノワグマは、ブナやミズナラの木の実を好んで食べます。東北地方では、ブナの実りが悪い年には、ツキノワグマが大量に人里におりてくることが報告されています。クマは本来、山の中にすんでいますが、凶作で食べ物が少なくなると食べ物を探して山の中を歩き回っているうちに、人里にまでおりてきてしまうことがあります。近年は「里」と「山」の境界が薄れてしまったため、ます

ます人が暮らすエリアにクマが入り込みやすくなり、庭先の果樹や畑の農作物を食べるようになっています。

2023年はブナノミが大凶作だったこともありますが、ブナの豊凶は昔からの自然のサイクルです。クマは凶作の年はエネルギー消費を抑えるために早めに冬眠に入るなど、生きのびる術も持っています。

クマと人が適切な距離ですみ分けるにはどうすればいいか、かつて里山が担っていた境界線を今後どうつくっていくか、対策が考えられています。

東北5県におけるツキノワグマの捕獲頭数とブナの豊凶指数
豊凶指数は、ブナの実りの状況を0、1、3、5で評価・集計して算出。豊作3.5以上、並作2以上3.5未満、凶作1以上2未満、大凶作1未満。

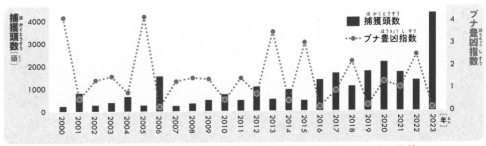

［出典／国立研究開発法人森林研究・整備機構　森林総合研究所ウェブサイト「ツキノワグマ出没の背景と対策」にデータを加えて作成］

山のめぐみをおいしくいただく
全国で受け継がれる郷土料理

◎ 旬を楽しみ、手間ひまかけて保存する

　地域によって森にはえる草木がちがうように、採れる自然のめぐみもさまざまです。その土地の特産物を使い、独自の方法で調理したものを「郷土料理」といいます。その土地で好まれる食材、味つけ、調理法などさまざまで、全国で1300品以上あるといわれます。*

　自然の中での暮らしは、天候の影響を受けやすく、その時、その土地で採れる旬の食べ物を大切にし、時間をかけてアクを抜いたり、天日に干したり、塩漬けにしたり、手間ひまかけ、長く保存できるように工夫してきました。その土地の特色があふれる郷土料理を通して、食文化だけでなく、人々の暮らしも知ることができるのです。

＊農林水産省ウェブサイト「うちの郷土料理〜次世代に伝えたい大切な味〜」より

ミョウガの葉焼き（宮城県）
夏に大きくなったミョウガの葉に、小麦粉や餅米粉と砂糖、味噌を混ぜたものを包んで焼く。

ちたけうどん（栃木県）
チタケは8月頃が旬の香り豊かなきのこで、栃木県で好んで食べられる。うどんのだしや具材に使われる。

ゼンマイの煮物（新潟県）
春にとれるゼンマイを天日干しにして、1年を通して料理に使う。

フキの煮付け（愛知県）
自生するフキは、しっかりアク抜きをして、だし汁で煮込む。

栃餅（鳥取県）
トチノミを半月以上かけてアク抜きをし、餅米と一緒に蒸してつき、餅として食べる。

イタドリの油いため（高知県）
イタドリは多年草で、春に新芽の茎を食べる。酸味とカリカリ感が特徴で、炒め物や煮物、あえ物にする。

［写真／農林水産省ウェブサイト「うちの郷土料理〜次世代に伝えたい大切な味〜」より］

山の暮らしを今に伝える──「白神マタギ舎」のエコツアー

[写真／白神マタギ舎]

命を無駄なくいただく
冬のごちそう

湯豆腐

ひややっこ

豆腐の味噌汁

豆腐
春に畑に豆をまき、秋に収穫した大豆で、冬に豆腐や味噌をつくる。山の畑でも、大豆はよく育つ。

フキと豆腐の炒め物
春に収穫したフキを、塩漬けにして保存する。

おからサラダ

ゼンマイの白あえ
乾燥させて保存したゼンマイと豆腐をあえる。味つけにはクルミも使う。白神山地のごちそうといわれる。

薪ストーブの上で昔ながらの方法で豆腐づくり。3〜4時間かけて、大豆の味が濃い「目屋豆腐」が完成する。

東北や北陸地方の里山では、採集や狩猟で生活する「マタギ」文化があります。マタギは山に神様が宿ると考え、山のめぐみに感謝し、自然と調和する暮らしをしていました。手つかずのブナ林が残る白神山地で、「白神マタギ舎」がエコツアーを通して伝統的な山の暮らしを伝え、自然を守る活動をしています。

白神マタギ舎では、動物を狩り、植物を採集します。一番おいしい時に、必要なだけいただき、すぐに調理します。粗末に扱うのは、命をくれた動物や植物に失礼だからです。ツアーで

の食事は、近所の農家が育てた物なども使います。いつでも食べる時は生き物の命を「いただきます」の気持ちを持ってほしいと伝えています。

ツアーでは荷物を背負い、自分の足で大地を踏みしめ、山を歩く。

山菜の天ぷら。春のツアーで、皆で山を歩いて収穫したものをすぐに揚げる。

6月、ネマガリタケを焼く。小屋のストーブはコンロ代わりで1年中、活やくする。

適材適所で利用する

約67%が森におおわれている日本では、700種類以上もの木がはえています。かたい木もあれば曲げやすい木もあり、人々は古くから木の性質に合わせて、さまざまな道具や日用品、家などをつくってきました。また、樹皮をはぎ、樹液を採り、つるを編み、枝は燃料として、無駄なく利用してきました。

人工林と天然林はどうちがう?

山にはいろいろな木がはえている

カラマツ

かたくてじょうぶで、建築物や道路のガードレールなどに使われる。繊維がねじれているので繊細な加工には向かない。

◉ 人の手によってつくられた森林・人工林

日本では、経済の発展とともに、建築物や日用品、紙などを効率よく生産するため、たくさんの木が必要になりました。そこで、木材を得るために、種をまいたり苗木を植えたりして、森林をつくりました。これを「人工林」といい、日本の森林面積の40%を占めます。特に、節が少なくまっすぐに伸びる針葉樹は、加工がしやすいため、さかんに育てられました。現在、人工林の木の種類の割合は、スギがもっとも多く、次にヒノキ、カラマツと続きます。
*

＊林野庁ウェブサイト「樹種別齢級別面積」(令和4年3月31日現在)より

葉をくらべてみよう!

スギ

成長が早く、木目がまっすぐで軽くて加工しやすいため、柱やフローリング、家具などをつくるのに重宝される。

ヒノキ

特有のよい香りは、虫や菌がつくのを防ぐ。くさりにくく、長持ちするため、高級建材や浴そうなどに使われる。　［写真／東京チェンソーズ］

スギ

ヒノキ

スギは先がとがっていて立体的。ヒノキは先が丸く、手のひらのように平たく広がっている。　［写真／東京チェンソーズ］

◉ 自然の力で育つ森林・天然林

自然の力で芽生え、人の手がほぼ入らない状態で成り立っている森林を「天然林」といいます。日本の森林面積の約54％におよび、その多くは広葉樹林です。暖かい地方では、クスノキやシイなどの常緑樹、寒い地方ではブナなどの落葉樹が育ちます。特に落葉広葉樹林では、地面に落ちる葉や木の実が土壌を豊かにしています。

ミズナラ
寿命が長く、樹齢が500年になる個体もある。根元には、マイタケなどのこがよくはえる。

ブナ
葉で受けとめた雨水が幹へと流れ、根元に集まるため、ブナ林の土はたっぷり水をたくわえる。
［写真／白神マタギ舎］

ヤマモミジ
北日本の日本海側で、特に雪が多く降る地域に育つ。
［写真／白神マタギ舎］

◉ 原生林

天然林の中でも、一度も伐採をされたことがなく、太古から自然のままの状態を保っている森林を「原生林」といいます。「原生林」や「原始林」と呼ばれている森の中でも、人の影響をまったく受けていないところはわずかです。自然の食物連鎖のもとで多様な生物が暮らす、貴重な生態系が残っています。

世界自然遺産に登録されている北海道・知床の原生林。トドマツやアカエゾマツなどの常緑針葉樹と、ミズナラやセンノキなどの落葉広葉樹が混じり合う。

◉ 二次林

天然林が、伐採や大きな自然災害を受けて失われた後に、自然の力で再生すると「二次林」とよばれます。人里の近くにある里山林も、二次林のひとつです。里山林は、人々が生活に必要な燃料や食料を得るために、木を切ったり、手入れをしたりしながら、変化させてきた森林です。

岩手県・安比高原ブナ二次林。昭和初期に皆伐されたが、母樹や手斧で切り倒せなかった大木が残された。そこから種子が落ちて育ち、80年後に見事に再生した。
［写真／岩手県観光協会］

［写真／PIXTA］

50〜60年かけて10cmから25mに！
育てた木の一生

◎ 林業家によって育てられた木が木材になる

　人工林のうち約70%はスギとヒノキで、成長が早いといっても木材になるには50〜60年ほどかかります。林業家は、その間に成長の邪魔になる雑草を取りのぞいたり、木の枝を切って整えたり、林地がこみ合わないように適度に木を切った

りして（間伐）、環境を整えます。野生動物に森林を荒らされないように、木の幹を保護したり、柵で囲んだりするのも林業家の仕事です。

　じゅうぶんに成長した木は伐採され、市場へと運ばれます。そして、製材工場で用途によってさまざまな大きさや形に整えられ、製品にされます。苗木が製品になるまでに、たくさんの時間と手間がかかっているのです。

［写真／東京チェンソーズ、小嶋工務店、西垣林業、ウッディーコイケ、岡崎建設］

▌苗木が製品になるまで

1 ｜育苗・植林

別の場所（苗畑）で1〜3年育てた苗木を、春や秋に林地に植える。余計な草や背の低い木などを取りのぞいて整地するのは、林業の中でも大変な仕事。

2 ｜下刈り・枝うち

苗木が背より高くなるまで（5〜10年）、夏に雑草を取りのぞく「下刈り」をする。4〜8mに成長すると（10〜15年）、秋〜冬に木の枝を切り落とす「枝うち」が行われる。

3 ｜間伐・伐採

林地がこみ合うまで育ったら（20〜30年）、細い木を間引きし（間伐）、栄養の奪い合いを防ぐ。その後、樹齢60年ほどになったら、伐採する。

大切に育てた木を無駄なく使う
──東京チェンソーズの取り組み

木は、伐採されると、まっすぐの丸太に切りそろえられ、建材や家具などに使われます。枝や根、曲がった部分などは原木市場では取り引きされません。1本の木のうち、約半分は利用されていませんでした。

東京・檜原村で林業を営む「東京チェンソーズ」では、無駄なく使い切るため「1本の木をまるごと使う」取り組みをしています。大きな根っこや切り株、枝、曲がった木も活用し、家具に生まれ変わらせています。大切に育てた木を無駄なく使うことは、仕事のやりがいにもつながっています。

原木市場では取り引きされない、大きさや形、木目もバラバラな個性豊かな木が、家具になる。

［写真／くにたち未来共創拠点矢川プラス（クライアント：良品計画）］

間引きされた木（間伐材）でつくった木のつみき。

4 | 原木市場

伐採された木（丸太）は地域の原木市場に運ばれ、せりにかけられる。
*買い手が値段をつけて、もっとも高く値段をつけたところが商品を買う方式。

5 | 製材・加工

丸太は製材工場に運ばれ、木材になる。ゆがまないように乾燥させてから、用途に合わせて人の手で加工される。機械で3日〜1か月、自然下では半年〜1年かかる。

6 | 製品に！

形などを整えられた木材は、建材として使われる。国産木材を使った家は、職人の手作業で、着工から完成までに5〜6か月ほどかかる。

100年後の未来を考える
山と木材の可能性を広げる新しい林業

◎ 今の林業はどんな問題をかかえている？

戦後、日本は里山の雑木林や奥山の天然林など多くの広葉樹を伐採し、その跡地に大量にスギ・ヒノキなどの針葉樹を植えました（拡大造林）。しかし、海外から安い木材が輸入されて国産木材の価格が下がると、林業で生活を支えることが難しくなります。1955年には90％以上だった木材自給率が、一時は20％以下に落ち込み、今は約35％に回復したものの、林業家の数は10分の1以下に減少、その4分の1が65歳以上と高齢化も進んでいます。50年以上たって成長した木が使

われず、置き去りにされている状況です。

人材不足のほか、人工林が引き起こすスギ・ヒノキの花粉アレルギー問題、保水や山地災害防止などの森林機能をどう守るかなど、課題は山積みです。

林業の仕事は、高所に上ったり、重いものを運んだりなど、重労働で危険がともなううえに賃金が低く、若者に敬遠されることがありました。この問題を解決すべく、導入が進められているのが「スマート林業」です。情報通信技術やドローン、ロボットなどの新しい技術を使うことで、林業家の負担を減らし、安全に効率よく作業を行えるようにします。

◼ 最新IT技術で効率化をはかる「スマート林業」

ドローンの活用

ドローンを使って、苗木を運搬したり、危険がともなう林地の状況を観察・測量したりできる。

運搬用のドローンが苗木を運ぶ様子。負担が大きい急傾斜などで活躍する。

［写真／三和林業］

レーザを使って計測し、デジタル情報に

レーザによる3D計測で、1本の木の高さ・太さ・曲がりや体積、位置が「見える化」される。情報の共有がしやすく、AI解析での伐採のタイミングや森の健康度などが分かるとも期待される。

森林三次元計測システム「OWL」を使い、パソコン上で森林を再現できる。

［写真／林野庁・アドイン研究所］

力仕事もロボットで！

森林を自走するロボットの研究が進められている。苗木を運ぶなど、リモートコントロールもでき、林業家の負担を減らすことが期待されている。

四足歩行ロボット「Spot」。背にかごをのせて、斜面をのぼる。

［写真／宇都木玄］

［出典／林野庁ウェブサイト「令和4年度 森林・林業白書」、森林・林業学習館ウェブサイト「日本の林業」より］

● 新しい時代の適材適所、「カスケード利用」のしくみ

　現在の林業家の仕事は主に木を育て、切ることですが、その後どのように木を使っていくかが大きな課題になっています。木造の家が主流だった時代から、コンクリートの建物が増え、木材の需要は1973年から50年で約3分の2に減りました。
　森には品質の高い木もあれば、原木市場で取り引きされない細い木や間伐材、そして枝・葉とさまざまな資源があります。1本の木、森全体の木をすみずみまで「適材適所」で使い切る「カスケード利用」が、国産木材の需要を増やし、木と森を健康に育てながら無駄なく使うしくみとして期待されています。木を細かく砕いて燃やす「木質バイオマス」が、循環型の燃料として注目されていますが、すべての木を燃料にすればいいわけではありません。木の特性だけでなく、木の状態に合わせた使い方をする必要があるのです。

■「カスケード利用」のしくみ

針葉樹、広葉樹が混ざった人工林。木材だけでなく、食べ物や水などのめぐみも得られる。

枝葉　‥‥▶　燃料(枝のみ)、堆肥、アロマなど

品質の高い木

やや品質が劣る木

細い木・間伐材・太い枝

高級家具や建材　[写真/小嶋工務店]

見えない部分の建材

木の小物・おもちゃ

きのこ栽培の菌床

畜産の敷料

つるも樹皮も無駄なく使う
冬の生活を支える手仕事

◎ 奥会津編み組細工（福島県）
── 縄文時代からの技でつるを編む

福島県・奥会津地方では、山でとれるヒロロ、ヤマブドウ、マタタビなどの植物の皮を編んで、かごや器、炊事用具などじょうぶな日用品をつくってきました。冬は時に3mも雪が積もり、畑仕事はできません。編み組細工は冬季の貴重な収入源であり、材料の採取から完成まですべて手作業で行われています。

[写真・取材協力／三島町生活工芸館]

冬、ヤマブドウの皮を編む。材料やつくり方は決まっていて、昔から町民の生活の一部として受け継がれてきた。

1 梅雨の6〜7月、野山に分け入ってヤマブドウのつるを採取し、皮をむく。奥会津では一番外側のオニ皮をむいた次に出てくる一枚皮を使うのがルール。

2 皮をカラカラに乾かして、冬まで保存する。使う時には、しめらせて裁断し、鉄の棒などにこすりつけてやわらかくする。

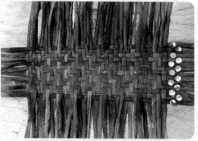

3 底から編み始める。側面を立ち上げるように編み、ふちの部分を整えて、最後に持ち手をつけて完成。

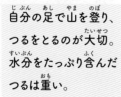

自分の足で山を登り、つるをとるのが大切。水分をたっぷり含んだつるは重い。

シナ織（山形県・新潟県）
——木の皮から糸をつくり、布を織る

シナノキや、オオバボダイジュなどの木の皮から糸をつくって織る「しな布」は、山形県鶴岡市関川、新潟県村上市雷、山熊田の3つの集落で受け継がれています。ブナ林からシナノキの皮を採り、森から流れる川でシナの繊維を洗い、織りの準備をします。

［写真・取材協力／関川しな織センター］

さらっとした手ざわりで、通気性がよく、水ぬれに強くてじょうぶなのが特徴。

1 梅雨の時期の天気がよい日に、シナノキの皮をむく。たっぷりと水を吸ったシナノキの皮は、つるりとむける。

2 8月頃、シナの皮を10〜12時間煮て繊維をやわらかくし、灰とともに半日ほど煮込み、ぬかに漬ける。9月に川の水できれいに洗う。

3 皮を5mmほどにさき、指で糸のつなぎ目に穴を開け、続きの糸を入れてつなぎ、長い糸にする。織機で織り、布になる。

新しい技術でブナを生かす——ブナコ（青森県）

水分を多く含むブナはやわらかく曲げやすく、さまざまな用途で使われてきました。一方で乾燥が難しいため狂いが多く、木材として価値がないと戦後に大量に伐採された歴史があります。そこで貴重なブナ材を無駄にしないよう研究が進められ、1956年に1本の丸太として使うのではなく、1mmの厚さにしてから加工する技術が編み出されました。

1 ブナを厚さ1mmほどの薄い板の状態にし、板をテープのような状態に切る。

2 釘で固定しながら巻き、平らにしていく。おかしのバウムクーヘンのような見た目になる。

3 湯飲みなど、かたいものをおしつけて、少しずつ巻き目をずらし、形をつくっていく。

［写真・取材協力／ブナコ株式会社］

27

神様とご先祖様は山にいる

山は水や食料、木材や燃料などのめぐみをもたらす一方、噴火や山崩れなどの災害を起こす恐ろしい存在でもありました。古くから人々は山に畏敬の念をいだき、神様や祖先の霊がいる場所、特別な力が得られる場所と考え、山岳信仰が生まれました。

神話や伝説に登場する
いろいろな山の神様

◉ 山そのものが神様

仏教や神道などが宗教として整うよりもずっと昔、日本には生き物だけでなく草木や花、風や雨などあらゆるものに神霊が宿るとする考えが広くありました。中でも山は、めぐみも災いももたらす畏怖すべき大自然として、「山」そのものや、山の中にある巨大な岩（磐座）などを神様としてまつるようになったのです。『古事記』や『日本書紀』などの神話には、山を司る大山津見神のほか、各地の山にまつられる神様の話がたくさん登場します。

遠くからでも鳥居越しに三輪山を拝せる。
美しい円錐形の姿も神の山を感じさせる。

大神神社（奈良県）

ご神体は奈良盆地の東南にある三輪山（標高467m）。『古事記』に大物主大神が三輪山にまつるように望んだという記述があり、日本最古の神社といわれる。神様をまつる建物である「本殿」がなく、拝殿の奥にある三ツ鳥居を通して三輪山を拝する形をとる。

三輪山には、山頂に大物主大神をまつる「奥津磐座」をはじめ、数多くの磐座が点在している。「盤座神社」は山麓にある辺津磐座の中心的存在。磐座は神聖なもので、姿を写真に撮ることはできない。

［写真／大神神社］

◉ 神様がつくった山がある？

『出雲国風土記』によると、八束水臣津野命という神様が出雲の国（現在の島根県）が狭いことを案じて、海の向こうの土地に縄をかけて引き寄せました。これが現在の出雲大社がある杵築の岬となり、大地に打った杭が三瓶山に、縄が薗の長浜となりました。さらにあちこちから土地を引っ張り、最後に能登半島のほうから引き寄せた土地は美保関に、杭は大山に、縄が弓ヶ浜になり、出雲の国が完成したと伝わります。

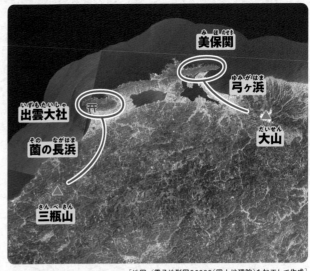

[地図／電子地形図25000（国土地理院）を加工して作成]

■ 三瓶山（島根県）

中国地方に2つしかない活火山の一つ。直径約5kmのカルデラの中に男三瓶山（1126m）、女三瓶山（953m）、子三瓶山（961m）、孫三瓶山（903m）など6つの峰が並ぶ。

◉ 神の使いから神様になったオオカミ

オオカミは人や家畜をおそう恐ろしい獣というイメージがありますが、日本人にとってニホンオオカミは、大切に育てた農作物を荒らすイノシシやシカを退治してくれる益獣と考えられ、「大口真神」として神格化する地域も生まれてきました。「狼」と「大神」の音が同じなのは偶然ではないのです。

特に埼玉県秩父地方ではオオカミへの信仰が強く、三峰山の標高約1100mにある三峯神社では、オオカミを神の使いとしてまつっています。

■ 三峯神社（埼玉県）

約1900年前、東国平定に向かう日本武尊をこの地に案内したという神話から、ニホンオオカミを神の使いとする。三峰山は、奥秩父山塊にある妙法ケ岳（1332m）、白岩山（1921m）、雲取山（2017m）の三山の総称。

[写真／三峯神社]

境内には10対以上のオオカミの像がまつられている。

護符には2頭のニホンオオカミの姿が描かれている。

田んぼの豊作をもたらす神様
身近な「端山」にご先祖様がいる!

◉山の神様は一人じゃない?

　山のめぐみは神様からの授かり物です。山の掟をやぶって盗むような真似をすれば、神様の怒りにふれ、死につながります。そこで山中に暮らす猟師やきこりなどは、山の神に許しを願い、身の安全を祈りました。水に宿る竜神、木に宿る神、岩に宿る神など、さまざまな神様が山にいると考えられ、信仰の対象となり、山岳信仰が生まれたのです。

◉ご先祖様が山の神になり、里におりて田の神になる

　山は神様が宿る一方、死後の世界へとつながる場所でもありました。人が死ぬと霊は里から見える近くの山・端山に行き、中でも格の高いご先祖

様は「山の神」になります。農民たちは豊作を祈るため、田植えの時に春祭りで「山の神」を招きました。「山の神」は山からおりると「田の神」になり、田を守ります。無事に収穫が終わると秋祭りで山へ送り出され、「山の神」に戻ります。これが「田の神信仰」として、日本各地でそれぞれ独自の行事や文化を育んできました。

春 ┃山からおりて「田の神」になる。

神社・お宮
稲作の時期に、田の神がとどまる場

田の神・山の神

奥山の神
さらに格の高い神様がいる。

秋
山へ戻り「山の神」になる。

奥山
人里から離れた、奥深い山

端山
生活の場に近い、低い山。ご先祖様の霊がいる。

磐座

ご神木（神籬）
神社の境内やその周りを囲む鎮守の森にある、神が宿るとされる木。しめ縄や柵で囲われ、神事の神座となる。スギやクスノキの巨木や古い木が多い。

ニホンオオカミ
神の使い

シカ
神の使い

イノシシ
神の使い

祭り
田の神をもてなす行事。春は田の神を迎えて豊作を祈り、秋は収穫を祝って送り出す。

神様から特別な力を得る
霊山で修行をする「修験道」

◎ 険しい山で修行を重ねる

奈良時代になると、神のいる山で自然の霊力を得ようとする修行者が現れます。修験道の開祖とされる役行者（役小角）はその一人で、葛城山・大峯山（ともに奈良県）、石鎚山（愛媛県）などを開山したといわれ、2匹の鬼を弟子として従え、空を飛ぶこともできたなど数々の伝説を持っています。

山の自然に対する崇拝に、陰陽道、仏教、神道などが融和し、山での厳しい修行によって心身を鍛錬し、大自然や山の神からの力を受けて悟りを得て、里におりて人々を救おうとするのが修験道です。修行している行者を「山伏」あるいは「修験者」といいます。

大峯山（山上ヶ岳）（奈良県）

672年、役行者が最初に開いたといわれる山上ヶ岳（標高1719m）頂上に、大峯山寺がある。女人禁制で、修行期間は5月3日〜9月23日。

［写真／天川村役場］

大峯山寺は「紀伊山地の霊場と参詣道」の一部として世界遺産にも登録されている。

石鎚山（愛媛県）

西日本最高峰（標高1982m）。弥山には石鎚山を神体山（神しずまります山）とする石鎚神社がある。役行者も一度は山頂をあきらめたといわれるほど険しく、今も修験者が集まる山岳信仰の山。

［写真／石鎚神社］

石鎚山には「試しの鎖」「一の鎖」「二の鎖」「三の鎖」と4か所の行場があり、かけられた鎖を頼りにそそり立つ岩肌を登る。

◉ 山伏の装束には意味がある

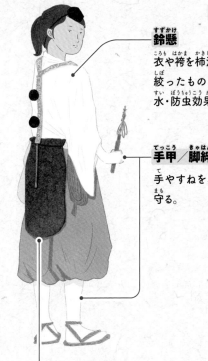

山伏（修験者）は独自の装束をしていて、それぞれ山での修行を助ける実用上の意味もあります。

錫杖
音を鳴らすことで獣やヘビなどを遠ざけることができる。

法螺貝
お釈迦様が説法の合図に使用していたといわれ、山中では4km先でも聞こえるという。

鈴懸
衣や袴を柿渋で染め、裾を絞ったもの。柿渋には防水・防虫効果がある。

手甲／脚絆
手やすねを、ケガなどから守る。

螺緒
岩場を登る時などに使う縄。特別な結び方をしてあり、ほどくと約12mにもなる。

引敷
動物の毛皮でつくられ、文殊菩薩が獅子に乗る姿をあらわす。山中では座布団がわりになり、ダニなどから身を守る。

山に女性は入れない？

もともと、山の神を女神とする狩猟民（マタギ）の世界や、空海が修行した高野山、最澄が修行した比叡山をはじめ、仏教の世界では女人禁制の考えがありましたが、修験道が広まった鎌倉時代以降、全国各地に女人禁制の山ができました。1872年に政府が女人結界の解除を命じてからは、女人禁制を続ける山はわずかとなりましたが、大峯山（山上ヶ岳）はその一つです。そのいわれとして次の伝説が伝わっています。

大峯山で修行する役行者を心配した母親が山に入ろうとしたところ、大蛇に行く手をはばまれます。母親の身を心配した役行者は、今後は山に入れないよう「女人入山禁止の結界門」を建てたといわれています。

大峯山の女人入山禁止の結界門。

[写真／天川村役場]

日本各地に「富士山」がある！
お国自慢の「おらが富士」コレクション

蝦夷富士（羊蹄山、北海道）

かつては「後方羊蹄山」と呼ばれ、『日本書紀』にもその名が残る。3つの火口を持つ成層火山。標高1898m。

◉ ふるさとの自慢の山を富士にたとえる

日本の最高峰であり、山頂からすそ野まで雄大な稜線が続く美しい円すい形の富士山は、古くから日本人を魅了してきました。各地ではこちらも負けてはいないと、富士山の形に似た山を「○○富士」と呼び、地域のシンボルとして愛でてきました。400以上もあるという「おらが富士」「郷土富士」などと総称される山々の一部を紹介します。

葛尾小富士（竜子山、福島県）

登山道が未整備なため、貴重な原生林が残る。夫を探しに山へ入り、帰らぬ人となった「竜子姫伝説」が伝わる。標高921m。

日光富士（男体山、栃木県）

約1200年前に勝道上人によって開かれた、関東一の霊峰。男体山登拝講社大祭では多くの氏子・信者が登拝する。標高2486m。

阿波富士（高越山、徳島県）

弘法大師も修行したと伝わる古い修験の山。地元では「おこおっつあん」と親しまれる。標高1133m。

諏訪富士（蓼科山、長野県）

八ヶ岳連峰の最北端に位置する山。ゴツゴツとした岩におおわれた頂上部には、蓼科神社の奥宮がある。標高2531m。

近江富士（三上山、滋賀県）

古代より神がいる「神奈備山」として崇められ、紫式部や松尾芭蕉なども和歌などに詠んだといわれる。標高432m。

大和富士（額井岳、奈良県）

関西百名山の一つ。山麓には万葉歌人・山部赤人の墓がある。標高816m。

［写真／奈良県景観資産］

出羽富士（鳥海山、山形県・秋田県）

山形県と秋田県の県境に位置し、山麓周辺の守り神として崇められている。夏でも雪渓が残る。標高2236m。

越後富士（妙高山、新潟県）

30万年におよぶ火山活動で形成された成層火山。中央火口丘が一般に「妙高山」と呼ばれる。標高2454m。　［写真／妙高市教育委員会］

小国富士（涌蓋山、大分県・熊本県）

大分県と熊本県にまたがり、九重連山の最西端に位置する独立峰。「玖珠富士」ともいう。標高1500m。

下田富士（一岩山、静岡県）

民話では富士山、八丈富士とともに富士山三姉妹の長女とされる。標高191m。　［写真／一般社団法人美しい伊豆創造センター］

讃岐富士（飯野山、香川県）

「おじょも」という巨人がつくったと伝わる、小さいながらもきれいなおむすび型の山。標高422m。

榛名富士（榛名山、群馬県）

上毛三山の一つである榛名山（榛名湖を囲む外輪山の総称）のシンボル。駿河の天狗の伝説が残る。標高1391m。

津軽富士（岩木山、青森県）

津軽平野にそびえ立つ、青森県の最高峰。岩木山、鳥海山、巌鬼山（別称岩鬼山）の3つの峰に分かれる。標高1625m。

南部富士（岩手山、岩手県）

有史以来5回の噴火が起きた成層火山。東の稜線はなだらかだが、西は険しい岩陵帯になっている。標高2038m。

伯耆富士（大山、鳥取県）

古くは「大神岳」と呼ばれ、奈良時代に山岳信仰の山として開かれたとされる中国地方の最高峰。標高1729m。

利尻富士（利尻山、北海道）

利尻島にある独立峰で、日本最北の日本百名山。山すそが海岸付近まで広がり、島全体が山のようでもある。標高1721m。

薩摩富士（開聞岳、鹿児島県）

薩摩半島の南端に位置し、日本百名山の一つ。珍しいらせん状の登山道がある。標高924m。

黄金富士（黄金山、北海道）

人の手でつくられたかのようなきれいな台形の姿がよく目立つ、アイヌの伝説にも登場する山。標高739m。

八丈富士（西山、東京都）

伊豆諸島にある八丈島を形成する山の一つ。形成されて約1万年の若い山。標高854m。

［写真／一般社団法人八丈島観光協会］

37

山を越えるための通過点
人と人、文化をつなぐ峠

◎ 峠は人と人、人と神をつなぐ道

　山は険しく、簡単には越えられません。多くの山はクニやムラの境界となり、「山の向こう」は気候や植生などの自然環境もがらりと変わり、異なる生活文化が広がる場所でした。住んでいる土地ではとれないもの、たとえば塩や魚などを手に入れるためには、いくつもの山を越えなければなりません。そこで人々は少しでも楽に山を越えよう

と、山の尾根の一番低いところに道を通しました。ここが「峠」です。

　峠は古くは「たむけ」といい、山の神に対し、山道のもっとも高い場所で、知らない土地へ向かう道中の安全や、無事に帰ってこられた感謝の祈りをささげた（手向けた）ことに由来するといわれています。衣食住にかかわるものが運ばれ、人と人が交わる交差点の役割を果たすようになりました。

▍峠はどこにある?

尾根の一番低いところ＝**峠**＝道の一番高いところ

尾根

峠の茶屋
旅の疲れをいやす休憩所。人や物の交流の場にもなった。

道

道祖神
村の守り神で、道が交差するところや村境などにまつられ、疫病や悪霊を防いでくれる。

馬籠峠

長野県南木曽町と岐阜県中津川市の境の旧中山道にあり、標高790m。島崎藤村の出身地である馬籠と妻籠をつなぎ、小説『夜明け前』にも登場する。

二重峠

暗峠

大阪府東大阪市と奈良県生駒市の境にあり、標高455m。生駒山を越えて大阪と奈良をつなぐ「暗越奈良街道」にあり、江戸時代にはお伊勢参りをする旅人でにぎわった。40度を越える傾斜で有名。

熊本県熊本市と大分県大分市鶴崎の境、加藤清正がつくった豊後街道（肥後街道）にあり、標高683m。江戸時代には参勤交代に使われた。神様が山に穴を開けようと蹴っても二重になっていてできなかったという神話が名前の由来。

◎峠は怪異に出会う場所？

山は、住み慣れた「里」のルールが通じない場所であり、妖怪などの「この世ならざる者」が住む場所とも考えられていました。妖怪に対して身を守る知恵は、峠を越える人や山仕事をする人たちの安全を守るヒントになっていました。

現在は鉄道や道路の発達により、峠が失われつつありますが、残された伝承などから当時の様子が分かります。

ひだる神

ひだる神にとりつかれると、突然激しい空腹や疲れを感じて動けなくなる。何か食べると追いはらえるので、山では弁当を食べつくさずに少し残しておくようにと伝えられる。現在でも突然の低血糖対策として役立つ心がまえ。

山童

子どもの姿をしていて、山仕事の邪魔をする妖怪。山の稜線は山童の通り道なので小屋などを建てない、薪や山菜などを採りすぎると山童の怒りを買うという伝承は、災害を避け、山の資源を守るための知恵といえる。

39

さくいん [地名はのぞく]

○**監修**──鈴木毅彦 すずき・たけひこ

東京都立大学都市環境学部地理環境学科教授。1963年静岡県生まれ。地形学・第四紀学・火山学・自然地理学を専門とし、東京の火山の歴史や地形・地質のなりたちを調べることで、火山噴火などによる自然災害に関する研究もしている。著書に『日本列島の「でこぼこ」風景を読む』（ベレ出版）、共著書に『伊豆諸島の自然と災害』（古今書院）、『わかる！取り組む！ 災害と防災 3火山』（帝国書院）などがある。

○**編集・写真**──三宅暁［編輯舎］
○**編集・執筆**──合力佐智子［株式会社ワード］、片倉まゆ
○**図版制作**──株式会社ワード
○**イラスト**──コバヤシヨシノリ
○**写真**──PIXTA
○**取材協力**［順不同］──稲本正、近藤麻実、白神マタギ舎、東京チェンソーズ
○**デザイン・図版製作／DTP**──小沼宏之［Gibbon］

○**表紙**──（左から）白神山地［秋田県・青森県］、安達太良山［福島県］、御岳山［東京都］
○**裏表紙**──（左から）飯豊山［山形県・新潟県・福島県］、大峰山系［奈良県］

調べてわかる！
日本の山
②山のめぐみと人々の暮らし
白神山地・八海山・石鎚山ほか

2024年3月　初版第1刷発行

監修──鈴木毅彦
発行者──三谷 光
発行所──株式会社 汐文社
　　　　〒102-0071　東京都千代田区富士見1-6-1
　　　　TEL 03-6862-5200　FAX 03-6862-5202
　　　　https://www.choubunsha.com
印刷──新星社西川印刷株式会社
製本──東京美術紙工協業組合

ISBN978-4-8113-3062-4　NDC650

知っている山、登ったことがある山はある?
日本200名山

小説家・登山家の深田久弥が全国の山々から選んだ『日本百名山』(1964年、新潮社)には、さまざまな魅力を持った山が登場します。1984年には、深田クラブ(深田久弥の精神と文学を受け継ぐことを目的として設立された会)がさらに100座を加えて「日本200名山」(1987年、昭文社)が選定されました。★は日本百名山に選ばれている山です。

［取材協力／深田クラブ──「日本二百名山一覧表」(深田クラブ選定)をもとに、一部、山名表記・標高を改定して作成(国土地理院発表の標高改定に準ずる)］

	百名山	標高	所在地		百名山	標高	所在地
1	★ 利尻山	1721m	北海道	45	★ 磐梯山	1816m	福島
2	★ 羅臼岳	1661m	北海道	46	★ 那須岳	1915m	栃木
3	★ 斜里岳	1547m	北海道	47	会津朝日岳	1624m	福島
4	★ 雌阿寒岳	1499m	北海道	48	★ 会津駒ケ岳	2133m	福島
5	天塩岳	1558m	北海道	49	帝釈山	2060m	福島
6	★ 大雪山	2291m	北海道	50	★ 燧ケ岳	2356m	福島
7	石狩岳	1967m	北海道	51	守門岳	1537m	新潟
8	ニペソツ山	2013m	北海道	52	荒沢岳	1969m	新潟
9	★ トムラウシ山	2141m	北海道	53	★ 越後駒ケ岳	2003m	新潟
10	★ 十勝岳	2077m	北海道	54	中ノ岳	2085m	新潟
11	芦別岳	1726m	北海道	55	八海山	1778m	新潟
12	夕張岳	1668m	北海道	56	★ 巻機山	1967m	新潟・群馬
13	★ 幌尻岳	2052m	北海道	57	★ 平ケ岳	2141m	新潟・群馬
14	カムイエクウチカウシ山	1979m	北海道	58	★ 日光白根山	2578m	群馬・栃木
15	ペテガリ岳	1736m	北海道	59	★ 皇海山	2144m	群馬・栃木
16	暑寒別岳	1492m	北海道	60	女峰山	2483m	栃木
17	樽前山	1041m	北海道	61	★ 男体山	2486m	栃木
18	★ 後方羊蹄山(羊蹄山)	1898m	北海道	62	至仏山	2228m	群馬
19	駒ケ岳	1131m	北海道	63	★ 武尊山	2158m	群馬
20	★ 八甲田山	1585m	青森	64	榛名山	1449m	群馬
21	★ 岩木山	1625m	青森	65	★ 赤城山	1828m	群馬
22	白神岳	1235m	青森	66	筑波山	877m	茨城
23	森吉山	1454m	秋田	67	★ 谷川岳	1977m	群馬・新潟
24	★ 八幡平	1614m	秋田・岩手	68	仙ノ倉山	2026m	群馬・新潟
25	★ 岩手山	2038m	岩手	69	★ 苗場山	2145m	新潟・長野
26	姫神山	1124m	岩手	70	佐武流山	2192m	新潟・長野
27	★ 早池峰山	1917m	岩手	71	白砂山	2140m	新潟・長野・群馬
28	秋田駒ケ岳	1637m	秋田・岩手	72	鳥甲山	2038m	長野
29	和賀岳	1439m	秋田・岩手	73	岩菅山	2295m	長野
30	焼石岳	1547m	岩手	74	飯綱山	1917m	長野
31	栗駒山	1626m	岩手・宮城	75	戸隠山	1904m	長野
32	神室山	1365m	秋田・山形	76	黒姫山	2053m	長野
33	★ 鳥海山	2236m	秋田・山形	77	★ 火打山	2462m	新潟
34	船形山	1500m	山形・宮城	78	★ 妙高山	2454m	新潟
35	★ 蔵王山	1841m	山形・宮城	79	★ 高妻山	2353m	新潟・長野
36	★ 月山	1984m	山形	80	★ 雨飾山	1963m	新潟・長野
37	以東岳	1772m	山形・新潟	81	★ 草津白根山(本白根山)	2171m	群馬
38	★ 朝日岳	1871m	山形・新潟	82	★ 四阿山	2354m	群馬・長野
39	杁差岳	1636m	新潟	83	★ 浅間山	2568m	群馬・長野
40	★ 飯豊山	2105m	山形・新潟・福島	84	浅間隠山	1757m	群馬
41	二王子岳	1420m	新潟	85	妙義山	1104m	群馬
42	御神楽岳	1386m	新潟	86	荒船山	1423m	群馬・長野
43	★ 吾妻山	2035m	山形・福島	87	御座山	2112m	長野
44	★ 安達太良山	1700m	福島	88	★ 金峰山	2599m	長野・山梨